BEI GRIN MACHT SICH IHR WISSEN BEZAHLT

- Wir veröffentlichen Ihre Hausarbeit,
  Bachelor- und Masterarbeit

- Ihr eigenes eBook und Buch -
  weltweit in allen wichtigen Shops

- Verdienen Sie an jedem Verkauf

Jetzt bei www.GRIN.com hochladen
und kostenlos publizieren

Die Brennstoffzelle und ihre Bedeutung in verschiedenen Anwendungsgebieten

Kevin Morawetz

Bibliografische Information der Deutschen Nationalbibliothek:

Die Deutsche Nationalbibliothek verzeichnet diese Publikation in der
Deutschen Nationalbibliografie; detaillierte bibliografische Daten sind
im Internet über http://dnb.d-nb.de abrufbar.

ISBN: 9783668491922
Dieses Buch ist auch als E-Book erhältlich.

Das Buch bei GRIN: https://www.grin.com/document/371288

Hausarbeit

In

Arbeits- und Präsentationstechnik

Die Brennstoffzelle und ihre Bedeutung in verschiedenen Anwendungsgebieten

Vorgelegt am: 30.06.2017

Vorgelegt von: Kevin Morawetz

Inhaltsverzeichnis

Abstract

In dieser Hausarbeit über das Thema „Die Brennstoffzelle und ihre Bedeutung in verschiedenen Anwendungsgebieten" wird die Brennstoffzelle als Chance für klimaneutrale Energieversorgung betrachtet. Dabei soll anhand verschiedener Anwendungsgebiete verdeutlicht werden, welche Bedeutung die Brennstoffzelle momentan als Energiewandler hat. Außerdem soll gezeigt werden ob zukünftig Entwicklungen zu erwarten sind und wie diese aussehen könnten. All dies geschieht in Anbetracht der Vor- und Nachteile gegenüber herkömmlichen Technologien.

Abkürzungsverzeichnis

Abb.	Abbildung
o. V.	Ohne Verfasser
s.	siehe
S.	Seite
Vgl.	Vergleiche
z. B.	Zum Beispiel

1 Einleitung

In Zeiten des immer weiterwachsenden Energieverbrauchs und der enormen Abhängigkeit von Energie gewinnen regenerative Energiequellen eine immer größere Bedeutung. Die Folgen der, aus herkömmlichen Energiequellen resultierenden, Umweltschäden sind bereits heute spürbar.

Abb. 1 Globaler Temperaturanstieg

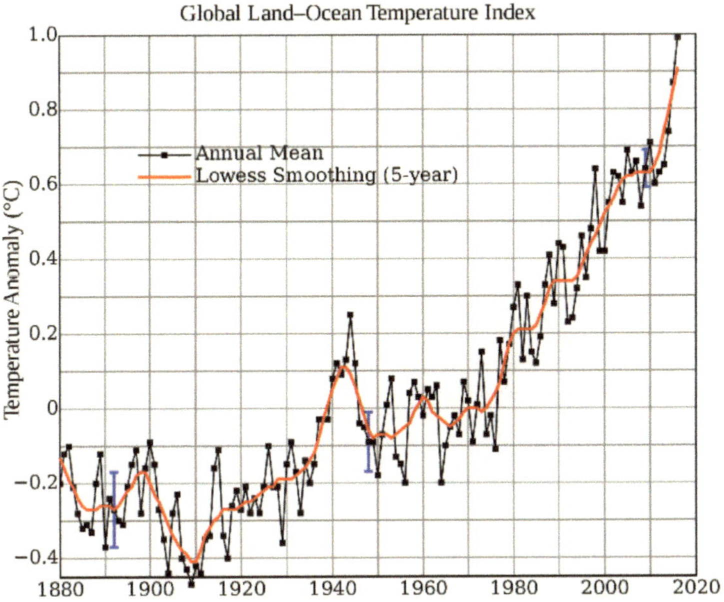

Quelle: NASA (https://data.giss.nasa.gov/gistemp/graphs/)

Messungen über viele Jahre hinweg, wie die der NASA, bestätigen einen rasanten Anstieg der Oberflächen- und Wassertemperatur. Besonders stark ist der Anstieg der letzten 4 Jahre s. Abb. 1.

Die Arten der Energiegewinnung müssen sich im Hinblick auf die Zukunft stark verändern. Viele Konzepte der umweltfreundlichen Energiegewinnung sind bereits umsetzbar oder werden noch entwickelt. Die Brennstoffzelle ist hierbei ein möglicher Lösungsansatz um direkt Energie aus klimaneutral gewonnen Energieträgern wie beispielsweise Wasserstoff bereitzustellen, sodass ein Verzicht auf fossile Brennstoffe möglich wird. Im Folgenden wird die Brennstoffzelle, im Hinblick auf ihre momentane und zukünftige Bedeutung in verschiedenen Anwendungsgebieten, betrachtet.

2 Die Brennstoffzelle

2.1 Das Prinzip

Die Gewinnung von elektrischer Energie aus chemischen Energieträgern erfolgt heute zumeist durch Verbrennung in einer Wärmekraftmaschine in Verbindung mit einem Generator über den Umweg der thermischen und der Bewegungsenergie.

Abb. 2 Energieumwandlung

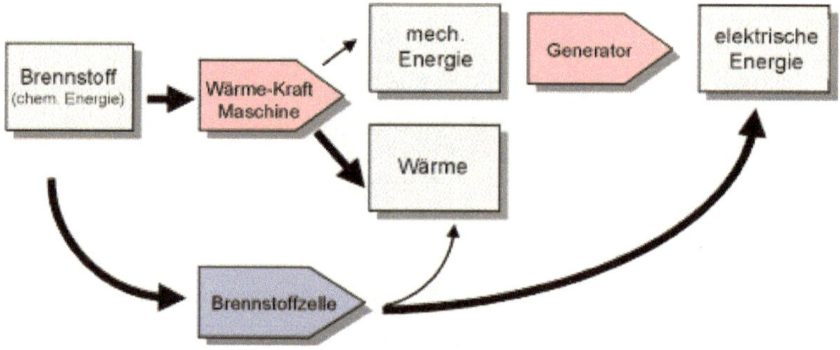

Quelle: powerpac.ethz.ch
(http://www.powerpac.ethz.ch/technologie/index.htm)

Die Brennstoffzelle ist geeignet, die Umformung ohne Umweg zu erreichen und damit potenziell effizienter zu sein, weil Verluste wie bei der mechanischen Reibung nicht auftreten. Zudem sind Brennstoffzellen im Vergleich zum System „Wärmekraftmaschine-Generator" einfacher aufgebaut und können zuverlässiger und abnutzungsfester als diese sein.

Besonders vielversprechend ist dabei die Wasserstoff-Sauerstoff-Brennstoffzelle. Wasserstoff kommt in der Natur fast nur in gebundener

Form vor und muss daher erst erzeugt werden. Seine Herstellung ist auf Basis der Sonnenenergie möglich bzw. durch Elektrolyse aus Wasser, wobei keine schädlichen Nebenprodukte entstehen.[1]

2.2 Aufbau

Eine Brennstoffzelle besteht aus Elektroden, die durch eine Membran oder Elektrolyt (Ionenleiter) voneinander getrennt sind. Die Anode ist mit dem Brennstoff umspült, z.B. Wasserstoff, Methan, Methanol oder Glukoselösung, der dort oxidiert wird. Die Kathode ist mit dem Oxidationsmittel umspült, z.B. Sauerstoff, Wasserstoffperoxid oder Kaliumthiocyanat, das dort reduziert wird.[2]

Die verwendeten Materialien sind je nach Brennstoffzellentyp unterschiedlich. Die Elektrodenplatten bestehen meist aus Metall oder Kohlenstoffnanoröhren. Zur besseren Katalyse sind sie mit einem Katalysator beschichtet, z.B. Platin oder Palladium. Als Elektrolyten können beispielsweise gelöste Laugen oder Säuren, Keramiken oder Membrane dienen.

„Die gelieferte Spannung liegt theoretisch bei 1,23 Volt für die Wasserstoff-Sauerstoff-Zelle bei einer Temperatur von 25 °C. In der Praxis werden jedoch nur Spannungen von 0,5 bis 1 erreicht."[3] Die Spannung ist vom Brennstoff, von der Qualität der Zelle und von der Temperatur abhängig. Um eine höhere Spannung zu erhalten, werden mehrere Zellen zu einem *Stack* (engl. für 'Stapel') in Reihe geschaltet. Unter Last bewirken die chemischen und elektrischen Prozesse ein Absinken der Spannung.[4]

---

[1] Vgl. Cornel Stan, Alternative Antriebe für Automobile, S.237
[2] Vgl. Jochen Lehmann, Thomas Luschtinetz, Wasserstoff und Brennstoffzellen, S. 25
[3] Vgl. o. V., Aufbau der Brennstoffzelle
[4] Vgl. Peter Kurzweil, Brennstoffzellentechnik, S. 3

2.3 Funktionsweise

Abb. 3 Schematische Darstellung der Funktionsweise

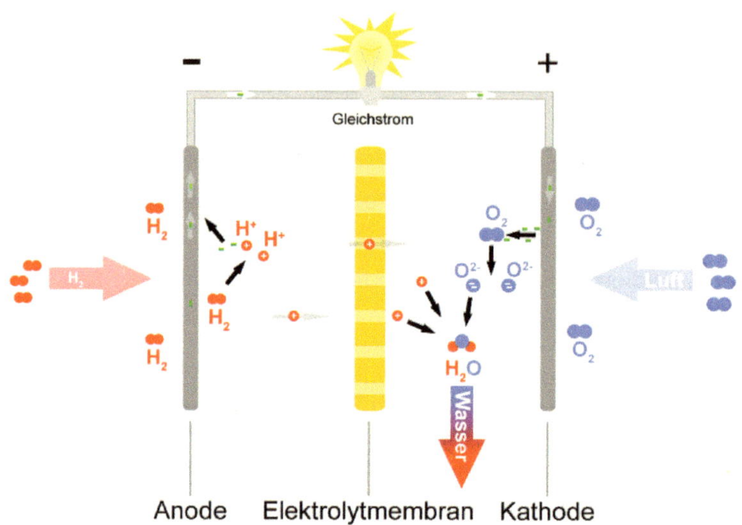

Quelle: Wikimedia (https://upload.wikimedia.org/wikipedia/commons/a/a2/Brennstoffzelle_funktionsprinzip.png)

Der Brennstoff, hier Wasserstoff, wird an der Anode katalytisch oxidiert und dabei unter Abgabe von Elektronen in Ionen umgewandelt. Diese gelangen durch die Ionen-Austausch-Membran in die Kammer mit dem Oxidationsmittel. Die Elektronen werden aus der Brennstoffzelle abgeleitet und fließen über einen elektrischen Verbraucher, zum Beispiel eine Glühlampe, zur Kathode. An der Kathode wird das Oxidationsmittel, hier Sauerstoff, durch Aufnahme der Elektronen zu Anionen reduziert und reagiert gleichzeitig mit ,den durch den Elektrolyt zur Kathode gewanderten, Protonen zu Wasser. Die Reaktionsprodukte sind also Wasser, elektrischer Strom und thermische Abwärme.[5]

3 Wasserstoffwirtschaft

Die Wasserstoff-Sauerstoff-Brennstoffzelle ist ökologisch umstritten: Wasserstoff kann zwar durch Einsatz erneuerbarer Energien klimaneutral gewonnen werden, jedoch sind die Verluste bei Herstellung und Transport erheblich. So hat etwa die Kette Solarstrom → Wasserstoff → Brennstoffzellen-PKW einen Wirkungsgrad von etwa 20%, die Kette Solarstrom → Stromnetz → Batterie → Elektro-PKW hingegen etwa 60%.

Zudem stellt die Infrastruktur für Lagerung und Transport von Wasserstoff eine hohe technische, organisatorische und ökonomische Herausforderung dar. Die Wasserstofftanks haben entweder mehrere hundert bar Druck oder sehr tiefe Temperaturen für den flüssigen Zustand. Die Forschung über geschlossene, nachhaltige Energiekreisläufe wird mit öffentlichen Geldern unterstützt.

Am 12. September 2005 verabschiedete das Europäische Parlament das *Wasserstoffmanifest*, worin eine *grüne* Wasserstoffwirtschaft in kürzest möglicher Zeit gefordert wird. Europa könne damit die Energiepreise für Strom, Wärme und Verkehr deutlich reduzieren und wäre energieautark, also nicht abhängig von den Lieferanten fossiler Rohstoffe.[6]

---

[5] Vgl. Jochen Lehmann, Thomas Luschtinetz, Wasserstoff und Brennstoffzellen, S. 30
[6] Vgl. o. V. Energiewirtschaft

4 Anwendung im stationären Bereich

4.1 Die Brennstoffzellenheizung

Abb. 4 Aufbau einer Brennstoffzellenheizung

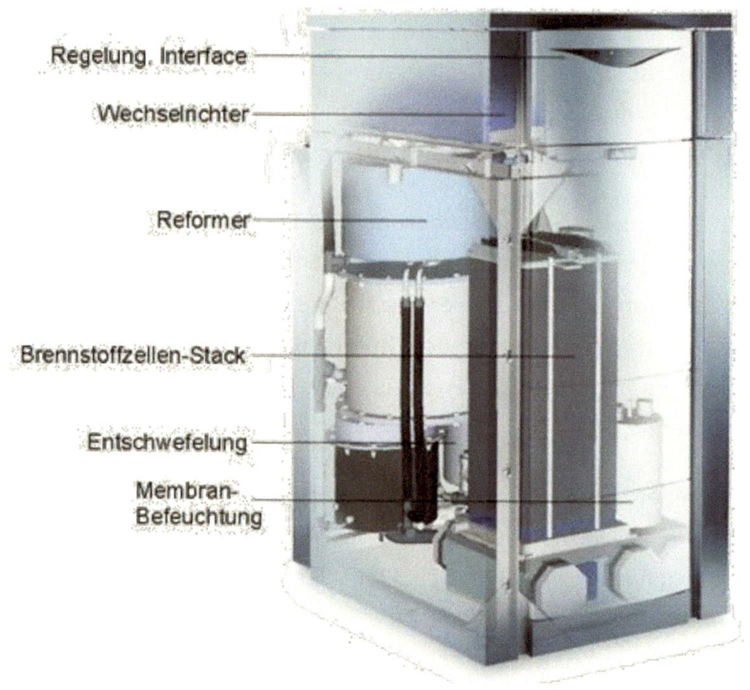

Quelle: Vaillant Deutschland GmbH & Co. KG (https://www.vaillant.de/heizung/heizung-verstehen/technologie-verstehen/)

Die Brennstoffzellenheizung bezieht entweder möglichst klimaneutral hergestellten Wasserstoff oder muss fossiles oder biogenes Methan (Erdgas) mittels einer aufwändigen Reformer Einheit in Wasserstoff umwandeln. Ein Stack aus Brennstoffzellen erzeug Strom und Wärme. Die Wärme wird direkt zum Heizen genutzt, während der Strom in das öffentliche Stromnetz eingespeist wird.[7]

Die Brennstoffzellentechnologie ermöglicht hierbei ein Senken der Energiekosten um bis zu 70% und die Kosten für Geräteservice um etwa 90%, bei einem hohen Wirkungsgrad. Hinzu kommt, dass die Anlage sehr flexibel in Bezug auf die Leistungsgröße sind und geräuscharm arbeiten. Außerdem wird eine Anschaffung mit durchschnittlich 10000 Euro staatlich gefördert.

Problematisch für den Verbraucher sind die dennoch hohen Anschaffungskosten von etwa 30.000 Euro inklusive. Es ist allerdings eine Bewegung in Richtung günstigerer Preise sichtbar, denn vor einigen Jahren betrugen die Anschaffungskosten noch rund 48.000 Euro ohne Einbau. Hinzu kommt, dass Lastspitzen immer noch über konventionelle Systeme abgedeckt werden, was der Umweltfreundlichkeit schadet.[8]

Dennoch lohnt sich eine Anschaffung wirtschaftlich schon jetzt bei vielen Hausbesitzern und wird in der Zukunft tendenziell noch rentabler. Bei größerer Verbreitung der Brennstoffzellenheizung lässt sich schließen, dass es zu einer umweltschonenderen Wärme- und Stromgewinnung kommen wird. Besonders bei voranschreitendem Ausbau der klimaneutralen Wasserstoffversorgung.

---

[7] Vgl. Cornelia Voigt, Dominik Sollmann, Anwendungen von Brennstoffzellen im stationären Bereich
[8] Vgl. Katja Fischer, Die Brennstoffzellenheizung für Hausbesitzer

5 Anwendungen im mobilen Bereich

5.1 Das Brennstoffzellenfahrzeug

Mehrere Automobilfirmen, unter anderem BMW, Volkswagen, Toyota, DaimlerChrysler, Ford, Honda und General Motors/Opel forschen seit zum Teil 20 Jahren an Automobilen, deren Treibstoff Wasserstoff ist, und die zur Energieumwandlung Brennstoffzellen sowie einen Elektromotor zum Antrieb nutzen. Ein Beispiel sind die Fahrzeuge NECAR 1 bis NECAR 5 sowie Mercedes-Benz F-Cell von DaimlerChrysler. Derzeit gehen einige MAN-Brennstoffzellenbusse in Berlin für die BVG in Betrieb s. Abb. 5.[9]

Abb. 5 MAN Lion´s City Brennstoffzellenbus

Quelle: Omnibusarchiv
(http://www.omnibusarchiv.de/include.php?path=article&contentid=597)

Förderlich für die erheblichen Anstrengungen in der Forschung war in den USA insbesondere der *Zero emission act* bzw. das *Zero Emission Vehicle mandate* (ZEV), die vorsehen, dass Autos zukünftig abgasfrei fahren sollen. Für das Jahr 2003 war vorgesehen, dass 10 % aller neu zugelassenen Fahrzeuge in Kalifornien diesem Gesetz unterliegen sollten. Kurz vorher,

---

[9] Vgl. Jochen Lehmann, Thomas Luschtinetz, Wasserstoff und Brennstoffzellen, S. 117ff.

nach massivem Druck der amerikanischen Automobilindustrie, wurde das ZEV jedoch gekippt, wenn es auch weiterhin diskutiert wird.

Durch den verstärkten Einsatz von emissionsfreien Fahrzeugen in Ballungszentren und Großstädten wird eine Verbesserung der dortigen Luftqualität erwartet. Ein Nebeneffekt wäre allerdings, dass die Emissionen vom Ort der Fahrzeugnutzung dorthin verlagert werden, wo der Wasserstoff hergestellt wird, soweit dies nicht aufgrund regenerativer Verfahren erfolgt. Der Wasserstoff wird mittels Elektrolyse hergestellt, wofür sehr viel Strom benutzt werden muss, dessen Erzeugung mehr Energie verbraucht, als letztendlich aus dem Wasserstoff herausgeholt werden kann.[10]

Abb. 6 Wasserstofftankstellen in Europa 2017

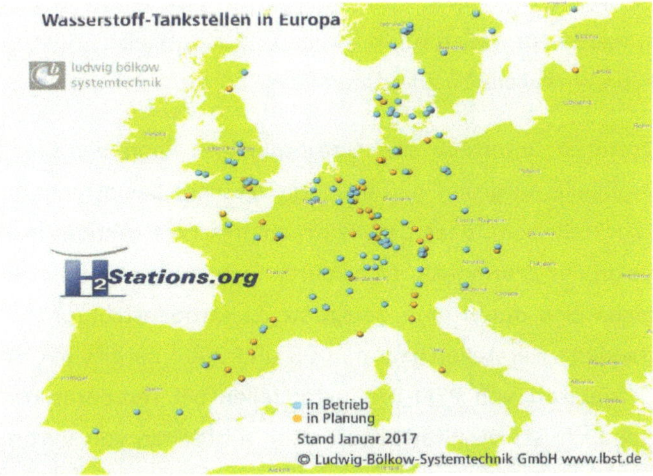

Quelle: Tüv-Süd (http://www.tuev-sued.de/tuev-sued-konzern/presse/pressearchiv/weltweit-92-neue-wasserstoff-tankstellen-im-jahr-2016)

---

[10] Vgl. Johannes Töpler, Jochen Lehmann, Wasserstoff und Brennstoffzelle, S. 67

Für den breiten Einsatz der mobilen Wasserstoffanwendungen ist der gleichzeitige Aufbau von Wasserstofftankstellen erforderlich. Davon gibt es europaweit noch zu wenig s. Abb 6. Am sinnvollsten geschieht das durch den Umbau der Energiewirtschaft zu einer Wasserstoffwirtschaft. Für die Mitnahme von Wasserstoff in Fahrzeugen kommen neben Druckbehältern auch andere Formen der Wasserstoffspeicherung in Frage, beispielsweise in Metallhydriden oder unter hohem Druck und niedriger Temperatur als flüssiger Wasserstoff.[11]

Trotz des hohen Wirkungsgrads der Brennstoffzelle gestaltet sich die Abfuhr der Abwärme auf dem vergleichsweise niedrigen Temperaturniveau der PEM-Brennstoffzelle von etwa 80°C als problematisch, denn im Gegensatz zum Verbrennungsmotor beinhaltet das relativ kalte Abgas (Wasserdampf) nur eine vergleichsweise geringe Wärmemenge. Demzufolge ist man bestrebt, die Betriebstemperatur der PEM-Brennstoffzelle auf über 100°C anzuheben, um leistungsstärkere Brennstoffzellen-Automobile mit mehr als 100 kW realisieren zu können.[12]

Bei Temperaturen unterhalb des Gefrierpunktes kann die Startfähigkeit der Brennstoffzelle aufgrund gefrierenden Wassers beeinträchtigt sein. Es muss sichergestellt sein, dass die elektrochemische Reaktion, insbesondere die Diffusion der Brenngase, nicht durch Eisbildung behindert wird. Dies kann beispielsweise durch eine geeignete Elektrodenstruktur erzielt werden. Verschiedene Hersteller haben 2003 und 2004 bereits nachgewiesen, dass der Gefrierstart von PEM-Brennstoffzellen bei Temperaturen von bis zu −20°C möglich ist; die Startzeiten seien mit denen von Verbrennungsmotoren vergleichbar.

Ende Oktober 2006 erklärte VW den endgültigen Durchbruch bei der Herstellung von kostengünstigen, leistungsfähigen Brennstoffzellen im Hochtemperaturbereich. Probleme werden weniger beim Durchbruch der Brennstoffzellentechnik auf der Fahrzeugseite, sondern mehr in der kos-

---

[11] Vgl. Jochen Lehmann, Thomas Luschtinetz, Wasserstoff und Brennstoffzellen, S. 88
[12] Vgl. Cornel Stan, Alternative Antriebe für Automobile, S. 275

tengünstigen und dabei umweltschonenden Gewinnung von Wasserstoff gesehen.

5.2 Raumfahrt und Unterwasser-Anwendungen

Die Brennstoffzellentechnik ist hier bereits viele Jahre im Einsatz. Hauptgrund dafür ist, dass eine hohe Energiedichte notwendig ist um das System, z.B. die Elektronik auf einer Rakete, ausreichend mit Strom zu versorgen. Die Brennstoffzelle erfüllt diesen Anspruch der hohen Energiedichte. Dabei ist sie meist als Sekundarsystem neben der Solarzelle tätig. Bei geringem Sonnenlicht oder zu hohem Verbrauch wird die Brennstoffzelle dazugeschaltet, um eine konstante Energieversorgung zu gewahrleisten. Das entstehende Wasser kann zudem für die Besatzung verwendet werden.[13]

Da Kosten in diesem Bereich sind nicht sonderlich wichtig sind, kommt die Technik hier schon seit vielen Jahren zum Einsatz.

---

[13] Vgl. Ulrich Dewald, Im All sind Brennstoffzellen längst Standard

6 Portabler Einsatz

Abb. 7 Mobile Brennstoffzellenbatterie

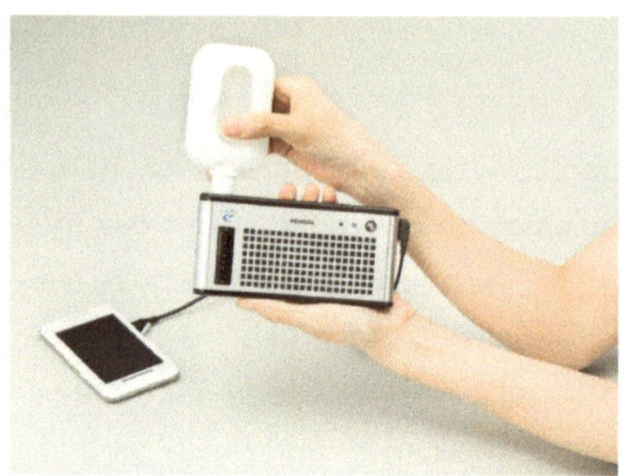

Quelle: Toshiba Corp. (https://www.toshiba.co.jp/about/press/2009_10/pr2201.htm)

Mögliche Anwendungen von Brennstoffzellen im portablen Bereich sind die Versorgung von elektrischen Kleinverbrauchern wie Laptops, Smartphones und portablen Messgeräten. Auch im Campingbereich können sie als Stromquelle zum Einsatz kommen - als Alternative zu Batterien und Akkumulatoren. Um Batterien und Akkumulatoren aufzuladen, ist elektrischer Strom nötig, der fernab der Zivilisation schwierig zu beschaffen ist. Brennstoffzellen hingegen können so lange elektrische Energie liefern, wie der Zelle Brennstoff zugeführt wird. Das bedeutet, dass Brennstoffzellen bei ausreichender Dimensionierung der Brennstoffvorräte wesentlich länger Strom liefern können.[14]

Haupthemmnis für eine breite Einführung ist die unbefriedigende Situation bei den Technologien zur Speicherung von Wasserstoff in kleinen Mengen, sowie der hohe Anschaffungspreis.

---

[14] Vgl. Cornelia Vogt, Dominik Sollmann, Anwendungen von Brennstoffzellen im portablen Bereich

7 Fazit und Ausblick

Die Brennstoffzelle erweist sich als vielseitige Möglichkeit zur Energie- und Wärmeversorgung und bietet viele Vorteile. Darunter der hohe Wirkungsgrad und die vielen Einsatzmöglichkeiten. Momentan scheitert der große Durchbruch aber an den hohen Kosten und daran, dass es günstigere Alternativen gibt.

Die größte Chance besteht allerdings darin, eine Energiewirtschaft frei von fossilen Brennstoffen zu realisieren. Die Brennstoffzelle ist dabei ein ausschlaggebender Faktor, denn sie ermöglicht die Erzeugung von Wärme und Strom aus Wasserstoff, welcher aus klimaneutral gewonnenem Strom erzeugt werden kann. Da hohe Investitionen nötig sind, um die Wasserstoffwirtschaft zu realisieren ist eine große Veränderung in den nächsten 10 Jahren nicht zu erwarten. Doch mit steigendem Mangel an fossilen Brennstoffen wird die Abhängigkeit von alternativen Energiequellen steigen und die Brennstoffzelle wird dann immer wichtiger für uns.

Literaturverzeichnis

Jochen Lehmann, Thomas Luschtinetz

Wasserstoff und Brennstoffzellen – Unterwegs mit dem saubersten Kraftstoff
Springer Verlag Heidelberg 2014

Corbel Stan

Alternative Antriebe für Automobile
3. erweiterte Auflage
Springer Verlag Heidelberg 2012

Peter Kurzweil

Brennstoffzellentechnik
2. Auflage
Springer Fachmedien Wiesbaden 2013

Johannes Töpler, Jochen Lehmann

Wasserstoff und Brennstoffzelle – Technologien und Marktperspektiven
Springer Verlag Berlin-Heidelberg 2014

o. V.

(Aufbau der Brennstoffzelle, Energiewirtschaft)
http://www.chemie.de/lexikon/Brennstoffzelle.html
(zuletzt zugegriffen am 25.06.2017)

Cornelia Voigt, Dominik Sollman

(Anwendungen von Brennstoffzellen im stationären Bereich, Anwendungen von Brennstoffzellen im portablen Bereich)
http://www.chemgapedia.de/vsengine/vlu/vsc/de/ch/16/pc/elektrochemie/brennstoffzellen/h_tec/brennstoffzel-
len_funktion_anwendung/brennstoffzellen_funktion_a

nwen-

dung.vlu/Page/vsc/de/ch/16/pc/elektrochemie/brenns

toffzel-

len/h_tec/brennstoffzellen_funktion_anwendung/bren

nstoffzelle_anwendung_stationaer.vscml.html (zuletzt

zugegriffen am 25.06.2017)

Katja Fischer   (Die Brennstoffzellenheizung für Hausbesitzer)

http://www.n-tv.de/ratgeber/Die-Brennstoffzellen-

Heizung-fuer-Hausbesitzer-article19827810.html

(zuletzt zugegriffen am 25.06.2017)

Ulrich Dewald   (Im All sind Brennstoffzellen längst Standard)

http://www.innovations-

report.de/html/berichte/cebit-2004/bericht-

24823.html

(zuletzt zugegriffen am 25.06.2017)

Abbildungsverzeichnis